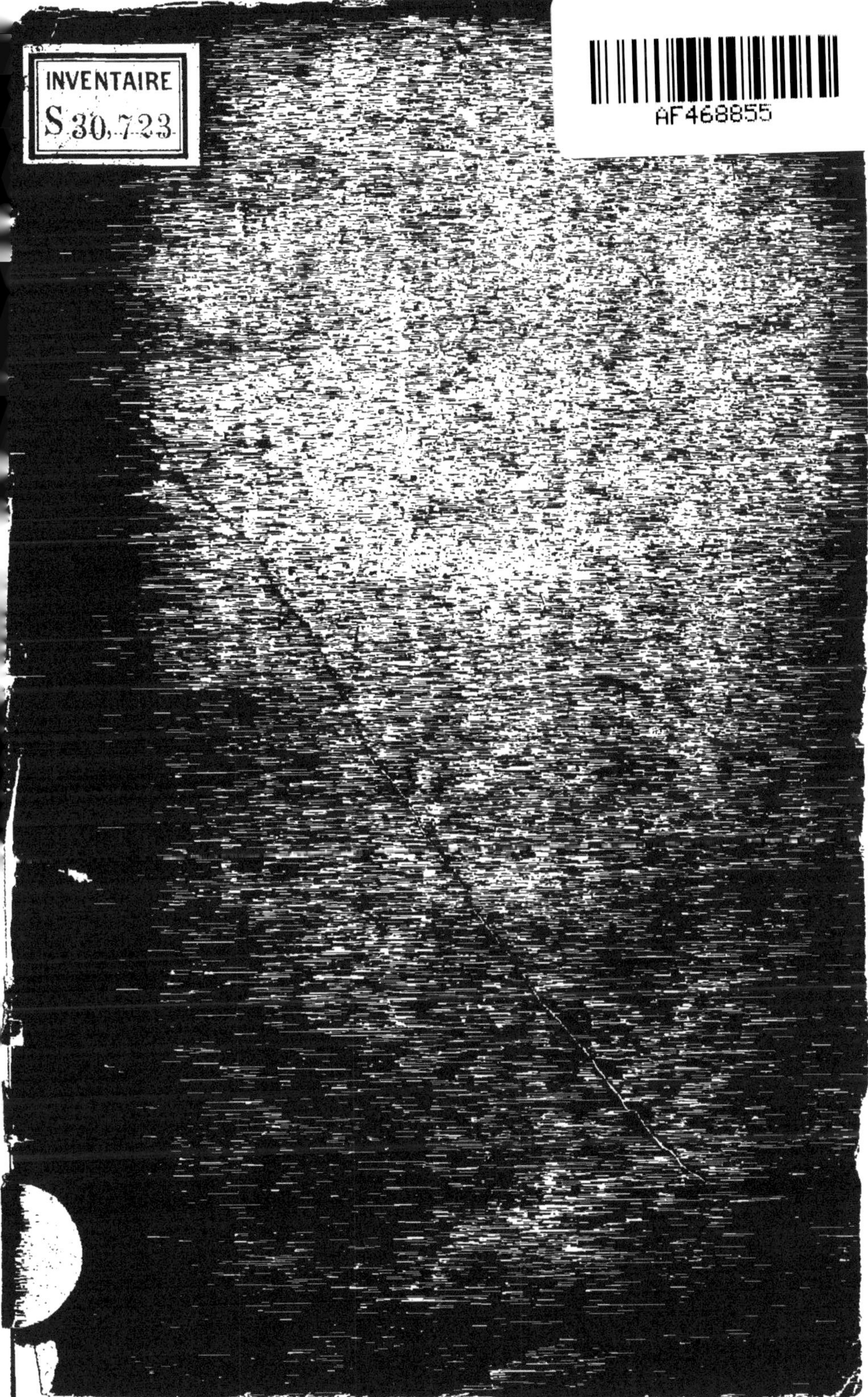

DE LA CULTURE
DU MURIER,

OUVRAGE

DÉDIÉ AUX MEMBRES DE LA RÉUNION DES FABRICANS DE LYON.

PAR M. MADIOT.

1826.

DE L'IMPRIMERIE DE PERISSE FILS, IMPRIMEUR DU ROI, A LYON.

1re Variété.

Le Mûrier blanc à très larges feuilles.

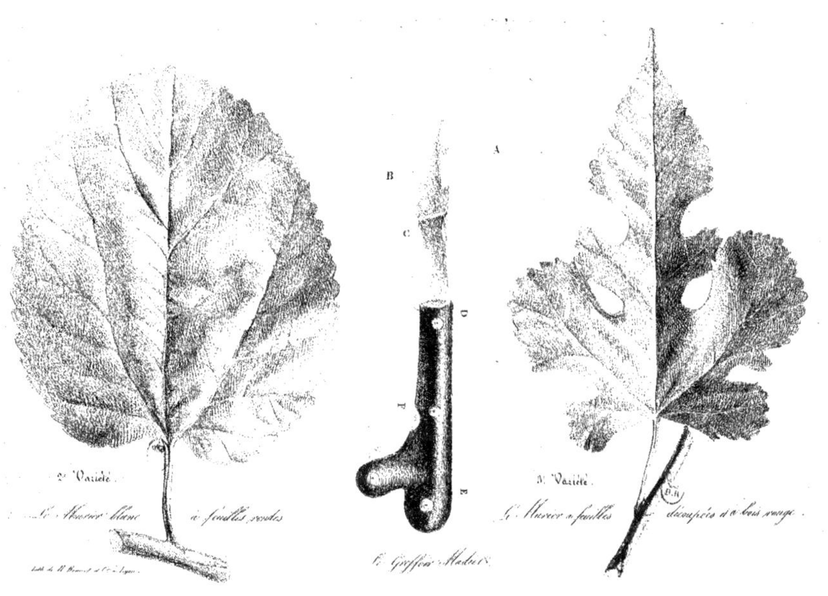

2e Variété. Le Mûrier blanc à feuilles rondes

Le Greffoir Madiot

3e Variété. Le Mûrier à feuilles découpées et à bois rouge.

DE LA CULTURE
DU MURIER

RÉDUITE

AUX MOYENS LES PLUS SIMPLES ET LES PLUS SURS

PAR M. MADIOT,

DIRECTEUR DE LA PÉPINIÈRE ROYALE DE NATURALISATION
DU DÉPARTEMENT DU RHONE.

Ouvrage dédié aux membres de la réunion des Fabricans de Lyon.

A LYON,
CHEZ PERISSE FRÈRES, LIBRAIRES,
RUE MERCIÈRE, N.° 33.
A PARIS,
CHEZ PERISSE FRÈRES, LIBRAIRES,
PLACE SAINT-ANDRÉ-DES-ARTS, N.° 11.
1826.

AVIS PRÉLIMINAIRE.

Depuis l'introduction du mûrier en France, la propagation de cet arbre fut continuellement encouragée par tous les efforts du gouvernement; mais malgré les avantages immenses que cette culture présentoit, elle fut pendant long-temps entravée. Et même dans le midi de la France, ce ne fut qu'à la longue qu'on en sentit tous les avantages. Cette culture peut aussi présenter dans notre département des avantages multipliés; et c'est pour l'encourager autant qu'il est en notre pouvoir, que nous allons tracer ce petit ouvrage, pour faire connoître les procédés que nous avons nous-mêmes mis en usage, et qui nous ont toujours procuré les plus heureux résultats.

Les mûriers de la pépinière de Lyon, confiée à nos soins depuis 25 ans, sont cultivés différemment qu'en Piémont. La méthode que nous employons est plus sûre, plus simple et plus expéditive que celle en usage dans ce pays.

Nous donnons maintenant l'extrait d'un ouvrage plus vaste que nous comptons publier bientôt, et dans lequel nous considérerons sous toutes leurs faces la propagation, la culture et les avantages du mûrier, et où nous pourrons donner des détails plus circonstanciés sur les nombreuses expériences que nous avons faites, et que le cadre resserré où nous sommes restreints, nous empêche maintenant de publier.

Qu'il nous soit permis de rendre un juste tribut de reconnoissance à M. le comte de Brosses, préfet du département du Rhône. Ce digne protecteur de l'industrie et des arts, s'est toujours plu à encourager nos travaux; et c'est à sa protection éclairée que nous devons la plupart de nos succès. Je dois le même hommage à M. le comte Othon de Moedière, président de l'administration de la pépinière royale de naturalisation, ainsi qu'aux autres membres de cette même administration dont le zèle a toujours été infatigable.

DE LA

PROPAGATION DU MURIER.

Ce fut en 1805 que le Gouvernement ordonna la multiplication du mûrier dans les pépinières départementales. Celle de Lyon ne fut pas la dernière à répondre à l'appel général. On obtint la première année de la culture de cet arbre des semis considérables. A peine deux autres années s'étaient écoulées, que la pépinière de naturalisation fut à même d'en fournir un grand nombre; et telle fut la modicité du prix des jeunes plants, que plusieurs départemens limitrophes s'en procurèrent à l'envi. Le nombre des semis se multipliant chaque année, cet utile établissement devint bientôt une source à laquelle ses voisins vinrent successivement puiser. Des envois continuels eurent lieu gratuitement, soit dans l'étendue du département du Rhône, soit dans ceux qui en forment les limites. Plusieurs maires de communes, jaloux de seconder les vœux philantropiques de MM. les préfets du Rhône, (1) et le

(1) Divers arrêtés de ces administrateurs encourageaient la culture et la propagation du mûrier.

zèle de l'administration de la pépinière, reçurent des mûriers devenus assez forts pour supporter la transplantation, et qui parurent inopinément à Dardilly, à Oullins, à Ste-Colombe-les-Vienne, à Brignais, à Condrieux, à Saint-Andéol, à Calvires, à Charly et à la Croix-Rousse.

Les mûriers qui parent aujourd'hui les tapis de ce dernier endroit, sont de ce temps-là. Un projet plus vaste avait été formé; il s'agissait de la plantation de 10,000 pieds de mûriers dans des terrains abandonnés et appartenans à la ville; mais ce plan qui devait joindre l'utile à l'agréable, ne fut pas mis à exécution.

Ne serait-ce pas rendre à l'agronomie un service signalé, que d'inviter le Gouvernement à nommer deux agronomes agriculteurs, chargés du soin de parcourir les divers départemens du royaume, et de reconnaître les terrains propres à la culture du mûrier. Combien de landes, de grands chemins, de bords de fossés et de haies ne trouveraient-ils pas!

Le Monarque qui se plaît à honorer de sa protection les sciences et les arts, se ferait une gloire de faire revivre l'ordonnance de Louis XIII, de 1603 (1).

La position brillante où se trouve aujourd'hui

(1) Cette ordonnance encourageait la propagation du mûrier, et accordait aux cultivateurs peu aisés, un certain nombre de pieds d'arbres et une prime d'encouragement par chaque pied de 4 à 5 ans.

l'industrie, n'est-elle pas une ressource assurée pour les grandes entreprises? Ne serait-il pas convenable d'établir à Lyon une pépinière spéciale qui, dès cet automne, pourrait recevoir cent cinquante mille jeunes mûriers, de l'âge de 2 à 3 ans, qui seraient suivis chaque année de la plantation d'un nombre suffisant pour qu'on en pût extraire à volonté de tous les âges et de toutes les grosseurs?

On pourrait par ce moyen obtenir des arbres qui, après quatre à cinq ans d'existence, pourraient supporter la transplantation à demeure, et répondre avantageusement à l'attente des propriétaires qui s'occupent de cette branche d'industrie.

Pour arriver rapidement à ce but, il serait urgent de s'assurer d'un terrain sur une éminence. La Croix-Rousse en possède plusieurs qui sont favorables à cette culture; et dès cette année on pourrait s'occuper de ce travail important.

Il serait à propos de choisir un autre terrain en plaine, de la grandeur de cinq à six bicherées, et à la proximité d'eaux abondantes. On y soigneroit l'éducation des jeunes semis dans leur première adolescence; ils produiraient des milliers de plants qui serviraient à alimenter presque toutes les pépinières, les haies et les bois taillis du département et de ceux environnans.

J'apprends par une voie directe, que des propriétaires du département de l'Allier viennent de se réunir à Moulins, pour former une vaste pépinière spécialement affectée à la culture du mûrier : déjà une somme de cinquante mille francs est disponible, et promet une souscription abondante.

Puissent ces hommes dignes d'éloges, trouver des imitateurs parmi nous, et faire revivre ce précepte du bon Henri : *Point de mûriers, point de soyes. Point de soyes, point d'industrie manufacturière.*

DES PRÉCAUTIONS A PRENDRE.

Quelques propriétaires, dans l'espoir d'une réussite complète, ont tiré leurs plants du midi ; mais l'émigration, loin de leur être favorable, a prouvé que le mûrier acclimaté dans les pays méridionaux ne réussissait pas d'une manière satisfaisante dans le Lyonnais. Je crois pouvoir en déterminer les causes : le transport, qu'on en fait d'un pays dans un autre, endommage les parties fibreuses et les racines les plus grosses de cet arbre, qui sont à moitié desséchées au terme du voyage. Dès qu'il est replanté on se hâte bien de l'imbiber d'eau et de le nourrir de fumier ; mais comme il porte déjà en lui des symptômes alarmans, la maladie ne tarde pas à attaquer les racines par des moisissures, qui sont autant de petits champignons blancs, jaunâtres et sans chapeau, que Linné a nommé *mucor, mucedo*, et qui contribuent à le faire périr, en s'emparant de toutes les parties fibreuses, et des radicules.

L'expérience, jointe à une longue pratique, nous a persuadés que les arbres, quelle que soit leur espèce, devenaient beaucoup plus robustes en passant du nord au midi, que du midi au nord. Cet arbre d'ailleurs peut supporter de 35 à 40 degrés de froid.

Nous voyons avec plaisir par nos relations avec des départemens du nord, que le mûrier pourra bientôt résister à la rigueur des climats où la vigne même ne peut prendre, et que bientôt il pourra se naturaliser dans l'Anjou, la Beauce, le Perche, le Maine, et enfin dans la Bretagne et le Poitou.

Notre température devenue plus chaude, et ces arbres précieux plus naturalisés que sous le règne de Charles IX, et du temps d'Olivier de Serre, on peut multiplier la culture du mûrier dans le nord de la France, sans redouter les inconvéniens qui existaient alors. Lyon, à cause de sa situation au 45e degré de latitude, a toujours été regardé par les naturalistes et les agronomes instruits, comme le lieu le plus propice à l'acclimatation d'un grand nombre de plantes et de végétaux étrangers. Ce qui doit encore nous engager à étendre autant que possible la multiplication du mûrier dans notre département; et c'est en semant beaucoup de graines, et en n'employant que les arbres qui en proviendront, que nous pourrons obtenir des résultats avantageux.

DES SEMIS.

Pour faire de bons semis, on ne saurait prendre trop de précautions; leur prospérité réside dans le choix des graines. On prend celles de mûriers sains, vigoureux, et qui ont déjà atteint le terme de leur croissance. On ne cueille leurs fruits que quand il est bien mûr, en secouant doucement l'arbre. Ce fruit parvenu à sa maturité se détache et tombe à terre; on le place dans un lieu sec et aéré, sans jamais l'entasser. La partie onctueuse une fois séparée des petits pepins, on les mêle dans des grains de sable fin, et on les place ensuite dans un lieu où la gelée ne peut pénétrer.

Cette manière de conserver les graines est préférable à toutes celles que nous avons mises en usage. Les meilleures graines sont celles qui se récoltent dans les climats froids et tempérés.

Au printemps suivant on les sème avec ce même sable, dans des terrains meubles et légers. Une once de graine suffit pour garnir une planche de huit pieds de longueur, sur quatre de largeur.

On peut encore semer d'une autre manière,

et la réussite est toujours complète. On écrase le fruit dès qu'il est mûr, et on le sème de suite. Dans les pays où le froid pourrait faire périr les semis, on sèmera dans des caisses ou terrines, qu'on mettra à l'abri des fortes gelées pendant les deux premières années de leur croissance.

Dans tous les cas on arrose dans les temps secs, on arrache les mauvaises herbes, et on éclaircit les jeunes plants lorsqu'ils sont trop serrés, en arrachant les plus foibles.

Lorsqu'après deux ou trois ans, les jeunes plants sont parvenus à la grosseur d'une allumette et qu'ils ont un mètre de hauteur, on les place en pépinière ou en haie, à deux pieds de distance l'un de l'autre. On coupe la tige à cinq ou six pouces, et on retranche la principale racine (si elle pouvait être conservée, l'arbre en deviendrait plus robuste et plus beau). Cette opération peut se faire depuis novembre jusqu'en février.

Beaucoup de pépiniéristes ont la mauvaise habitude d'élever leurs semis à l'aide de terreau et d'engrais ; il résulte de là que les arbres qui en proviennent ne sont souvent qu'hétéroclites, par la raison qu'étant replantés dans un terrain inférieur à celui où ils ont été élevés, ils ne peuvent plus acquérir ce degré de force que leur donne naturellement la terre primitive.

DES ESPÈCES.

Pour les semis on doit choisir le fruit des mûriers à larges feuilles et les moins découpées. On parviendra par cette simple méthode à se procurer de belles variétés qui, sans avoir besoin du secours de la greffe, seront supérieures aux autres pour la nourriture des vers à soie, et infiniment plus robustes et de plus longue durée.

C'est par ce moyen simple et facile, que nous avons obtenu des variétés qui pourraient même former des espèces bien distinctes, soit par rapport à leurs parties sexuelles, soit par rapport à la largeur de leurs feuilles. Il en est trois surtout remarquables.

La première a les feuilles larges, lisses et peu dentelées; le fruit est blanc, nuancé de quelques couleurs de chair vive. Le parenchyme des feuilles est moins compact que dans l'espèce nommée *dandolo*, le ver à soie les préfère, et l'expérience nous a convaincus qu'elles lui donnaient une nourriture plus convenable.

La seconde est moins susceptible de croissance; les feuilles sont moins larges, mais plus arrondies, plus nombreuses et plus rapprochées les unes de autres, ses rameaux sont moins élancés, elle occupe beaucoup moins d'espace, et ne couvre pas autant les autres végétaux, quoique produisant des feuilles en aussi grande quantité que les autres espèces, et d'une qualité supérieure. Ce sont des observations que mon respectable collègue, monsieur Chancey, et feu M. Rast et moi, avons faites à différentes reprises, et qui ne doivent laisser aucun doute.

Les feuilles de la troisième sont découpées, le ver à soie s'y fixe avec plaisir et les mange avec avidité. Nous avons remarqué qu'aux époques où il est mal portant, il abandonne les feuilles dont il se nourrit ordinairement, pour extraire la substance sucrée de celles-ci, et nous avons vu avec plaisir que l'insecte en devenait plus vigoureux.

Cette variété présente encore un autre caractère remarquable; son bois est rouge comme du sang; il se colore au moment de la sève d'une teinte rose, qui pourrait être utilement employée dans la composition des couleurs. Il serait possible que cette belle espèce fût le *morus tinctoria*, décrit par les anciens et perdu de vue par les botanistes modernes, et qui se serait reproduit parmi nos nombreux semis.

Pour contribuer à l'avancement des belles espèces les plus dignes de soins, le savant Bosc vient d'adresser à l'administration de la pépinière de Lyon, un pied de mûrier apporté de la Chine;

ses feuilles sont moins épaisses, moins éparses, et larges du double du nôtre ; elles sont aussi moins dentelées. Nous le croyons supérieur à tout autre pour la nourriture du ver à soie ; il ne tardera pas à être multiplié dans les environs de Lyon.

Les mûriers sont le plus souvent monoïques, c'est-à-dire, ont leurs fleurs ou chatons mâles et femelles séparés sur le même individu. Quelquefois l'arbre est *dioïque*, c'est-à-dire, que les deux sexes sont séparés sur deux pieds différens. J'ai visité régulièrement pendant vingt-cinq ans quantité de pieds de cette dernière espèce, qui n'ont éprouvé aucun changement.

Les pieds mâles doivent alors avoir la préférence sur les pieds femelles ; la substance des premiers est plus convenable à la nourriture du ver à soie, et par là on serait exempt du déchet considérable qu'occasione la séparation du fruit d'avec les feuilles.

Nous ferons encore remarquer, que le mûrier à belles et larges feuilles, provenant de semis, est bien supérieur au mûrier greffé ; il produit un feuillage remarquable par sa bonne qualité, et par la beauté des cocons qui s'y forment ; il est d'ailleurs plus vigoureux, plus compact, et vit le double de temps du mûrier greffé, infiniment plus robuste pour les hivers rigoureux.

DE LA GREFFE.

Les semis ne produisent pas toujours d'assez belles variétés, pour ne pas être obligé d'employer la greffe pour multiplier les plus belles espèces. On peut alors greffer le mûrier en flûte, ou à l'écusson, soit à œil dormant, soit à œil poussant. J'ai toujours pratiqué de préférence la dernière comme étant la plus sûre. Le moment le plus favorable est ordinairement vers le milieu des mois d'avril et mai, époque où le mûrier est le plus en sève. En cas de non réussite, on peut greffer à œil dormant aux mois d'août et septembre.

La réussite de la greffe dépend des soins qu'on apporte à cette opération ; on doit l'exécuter avec toute la dextérité possible, se servir d'un greffoir facile à manœuvrer, n'employer jamais la spatule de cet outil, et faire les ligatures avec beaucoup d'attention et de précision. Le choix des sujets est très-important, et les temps trop chauds, venteux et humides sont contraires.

Voici la manière d'opérer.

On tient de la main gauche le rameau qui sert de greffe, et de la droite on taille l'œil d'un seul coup, en coupant l'écorce six lignes au-dessus de l'œil, et en faisant glisser la lame du greffoir jusqu'à six lignes au-dessous, entre l'écorce et le bois qu'on entaille même légèrement, si cela est nécessaire pour enlever l'œil net. Ensuite on fait sur le sauvageon deux incisions, l'une transversale et l'autre horizontale, formant un T. Les deux coups de greffoir qui se donnent, doivent aller jusqu'au bois et se mesurer à la largeur et à la longueur de l'œil. On détache, à l'aide de la pointe du greffoir et non de la spatule, l'écorce aux deux lèvres de l'incision et dans la ligne verticale, et cela le plus délicatement possible, de manière que le liber reste net. On introduit l'œil en le poussant du haut en bas et sans meurtrissures. D'un coup de greffoir sur la ligne transversale on enlève la partie de l'écorce de l'œil qui est restée au-dessus de cette ligne. On fait coïncider les libers du sujet et du greffe, et on ligature avec soin.

Il existe un greffoir de notre composition, reconnu bien supérieur aux anciens; un seul homme, aidé d'un lieur, peut greffer en l'employant, 1900 à 2000 pieds par jour; tandis qu'avec l'ancien on peut à peine en greffer cinq à six cents.

On coupe les sauvageons cinq à six pouces au-dessus de la greffe, pour les empêcher d'absorber la sève, et pour la faire refluer sur la greffe.

Le chicot pourra servir de tuteur à la nouvelle poussée.

Quelques semaines après on pourra enlever les appareils, pour laisser la sève circuler librement, et ne rien gêner dans les parties organiques. On dirigera les bourgeons de manière à les préserver de l'action des vents, qui leur serait nuisible. Pour les faire croître rapidement, on les relèvera et on les fixera à l'aide du jonc contre le petit chicot, qui altérant toujours les organes séveux du sujet, devra être enlevé avant qu'il ne puisse lui nuire.

Il est important de visiter exactement les arbres greffés, pour les débarrasser des bourgeons qui auraient poussé sur le sauvageon, et qui nuiraient à la circulation de la sève. Cet ébourgeonnement doit se faire tous les huit ou dix jours.

DE LA PLANTATION.

Les personnes qui désirent faire de bonnes plantations, doivent choisir leurs arbres dans un terrain inférieur à celui qui doit les recevoir, en ayant soin de les placer de manière à ce qu'ils retrouvent leur ancienne position; c'est-à-dire, que le côté qui regardait le nord dans la pépinière, doit encore le regarder dans la nouvelle position.

On peut les placer de 4 à 6 mètres de distance d'après la qualité du terrain. Les creux auront 5 pieds d'ouverture sur 3 de profondeur, la terre de la partie inférieure et celle de la partie supérieure seront mises à part, celle-ci pour garnir les racines de l'arbre, et la première pour être placée au-dessus. Il serait très-avantageux de garnir le fond des creux de gazons renversés, de terreau, de feuilles, etc., etc. Dans les terrains argilleux et humides, il conviendra d'y mettre des pierres, pour faciliter l'écoulement des eaux.

La feuille du mûrier élevé sur les coteaux est préférable à celle que donne celui qui croît dans les plaines et dans les terrains humides et argilleux.

Le mûrier quand il croît en liberté dans des terrains légers et bien meubles, s'élève à la hauteur de 15 à 20 mètres. Il est reconnu maintenant, qu'il réussit au nord de la France, et qu'il y produit d'aussi belles soies que dans les climats chauds.

Les jeunes plants sont propres à faire des haies et à former des bois taillis. Cette manière de les placer convient à leur développement. Ils séparent les fonds, et deviennent très-productifs par rapport à l'abondance de leurs feuilles. Supérieurs par leur précocité, ils peuvent être dépouillés à moins de frais, et ont l'avantage de permettre de bonne heure l'éducation des vers à soie. Ces haies et ces taillis doivent être taillés de deux à trois ans. Les branches qui en sont extraites, peuvent servir à plusieurs fins; on en peut faire des échalas, des cercles et des tuteurs.

Le mûrier peut encore être employé de manière à joindre l'utile à l'agréable. On peut en entourer les habitations, en former des palissades; il décore les jardins et remplace avantageusement la charmille; il croît plus vite, et dans des lieux où ce végétal ne pourrait prendre; ses feuilles donnent beaucoup d'ombrage, se développent plus promptement et réussissent mieux que ceux plantés en plein vent dans des terrains maigres.

Le mûrier est le seul arbre qui ne soit point attaqué par les chenilles communes, hors celle qui lui est propre. Combien de fois avons-nous vu des bois et des forêts entières, pendant les mois de mai, juin, juillet et août, entièrement dévastés par d'innombrables quantités de chenilles, qui dévoraient les feuilles des plus petits arbustes comme des plus grands arbres, tandis que le mûrier seul conservait les siennes pures et intactes !

DES SOINS A DONNER.

Le mûrier vivra de longues années, si on ne lui fait subir aucune amputation dans son adolescence. En le taillant on abrège son existence, parce qu'on attaque ses parties séveuses : dans ce cas des symptômes de gangrène et de paralysie ne tardent pas à se déclarer; l'arbre bientôt en est totalement attaqué, et son existence est de courte durée.

On doit donc se borner à le débarrasser de son bois mort, à raccourcir les branches qui s'élancent trop, à supprimer celles mal formées, surtout celles qui se croisent et celles qui ont été rompues par l'action de la cueillette des feuilles.

On peut faire ces différentes tailles depuis la fin du mois de novembre jusqu'en février; cependant il serait avantageux de retrancher de suite après avoir récolté les feuilles, les branches qui auraient été rompues pendant cette opération.

Si le mûrier est quelquefois paralysé et creux, c'est pour avoir été mutilé, ou pour avoir été taillé dans des saisons qui ne conviennent point à cette opération; c'est en un mot pour avoir supporté des coupes mal entendues et mal faites; ce qui arrive souvent aux environs de Lyon, aux cultivateurs peu soigneux.

Il est essentiel d'apporter beaucoup d'attention à la cueillette des feuilles ; car si on les détachait à contre-sens, c'est-à-dire, de haut en bas, non-seulement on détruirait les bourgeons, mais on déchirerait encore l'écorce. On doit se garder aussi d'effeuiller les mûriers encore trop jeunes, de crainte de nuire à leur développement.

Quand les pieds ont atteint l'âge de six à sept ans, on peut commencer à les dépouiller de leurs feuilles, sans en excepter aucune ; car nous avons la certitude que si on en laissait sur quelques branches, la sève s'y porterait d'une manière sensible.

DES EMPLOIS DU MURIER.

Le bois du mûrier devenu gros, sans avoir été greffé, est précieux pour le charronnage et la menuiserie; on en fait de fort beaux meubles, des douves pour des cuves et des tonneaux, des vis de pressoirs et des bois de fusil; il est encore utilement employé par les graveurs et les sculpteurs. Le grain de ce bois est fin et d'un jaune citronné; il prend de la compacité en vieillissant; mais pour le conserver avec tous ses avantages, et éviter que par la suite il ne devienne sujet à la vermoulure, on l'exploite pendant l'hiver, époque où la sève est anéantie.

On peut encore extraire des branches du mûrier, en les faisant rouir comme le chanvre, des fils de l'écorce externe, provenant des tubes médullaires et cellulaires, et obtenir une filasse extrêmement fine, qui pourrait même remplacer la soie dans quelques usages, dans des ouvrages de passementerie, par exemple. Cette filasse a de l'éclat et peut prendre les couleurs les plus vives, seulement il lui manque de la souplesse. Elle se prête tellement à la filature, qu'on pourrait en former des tissus.

Le bois du mûrier non greffé pèse 26 kil. 234 gr. le pied cube, et celui du mûrier greffé 21 kil. 104 gr.

EXPÉRIENCE

A L'INSTAR DES ANCIENS PEUPLES CHINOIS.

J'ai fait un essai à la façon des anciens peuples chinois, en ne m'écartant en rien de leur manière d'opérer, avec quelques cocons blancs que m'avait remis notre estimable collègue monsieur Poidebard.

J'ai récolté en septembre quantité de feuilles de mûrier de l'espèce à bois rouge; je les ai mises sécher dans un endroit chaud où le soleil ne pouvait pénétrer, et j'en ai nourri de jeunes vers éclos à la fin de février. Je les ai élevés ainsi pendant 22 jours, et dès le 17 mars j'ai pu leur donner quelques petites feuilles qui se développaient sur les mûriers plantés dans les positions les plus favorables à leur précocité. Ayant obtenu des cocons fermes et bien duvetés, je les laissai entièrement libres dans le petit local que j'avais choisi pour cette opération; les papillons mâles et femelles vinrent à éclore parfaitement, et au bout de quelques jours ils formèrent des œufs que je laissai sur les lieux. Le 18 mai je vis éclore pour la deuxième fois, des vers à soie qui, élevés avec les mêmes soins, produisirent des cocons de la même qualité, mais plus fermes et plus pesans que les premiers.

Puisqu'en suivant à la lettre la coutume des anciens peuples chinois, j'ai réussi en petit, ne serait-il pas possible d'arriver en grand à des résultats satisfaisans?

TABLE

DES MATIÈRES.

www.ingramcontent.com/pod-product-compliance
Ingram Content Group UK Ltd.
Pitfield, Milton Keynes, MK11 3LW, UK
UKHW020220200726
13856UKWH00004B/1524